BEI GRIN MACHT SICH IHR WISSEN BEZAHLT

- Wir veröffentlichen Ihre Hausarbeit, Bachelor- und Masterarbeit

- Ihr eigenes eBook und Buch - weltweit in allen wichtigen Shops

- Verdienen Sie an jedem Verkauf

Jetzt bei www.GRIN.com hochladen und kostenlos publizieren

Bibliografische Information der Deutschen Nationalbibliothek:

Die Deutsche Bibliothek verzeichnet diese Publikation in der Deutschen National-
bibliografie; detaillierte bibliografische Daten sind im Internet über http://dnb.d-
nb.de/ abrufbar.

Impressum:

Copyright © 2016 GRIN Verlag, Open Publishing GmbH
Druck und Bindung: Books on Demand GmbH, Norderstedt Germany
ISBN: 9783668375376

Dieses Buch bei GRIN:

http://www.grin.com/de/e-book/350839/evolutionsstrategien-und-evolutionaere-
algorithmen-in-der-technischen-entwicklung

Emanuel Ibing

Evolutionsstrategien und Evolutionäre Algorithmen in der technischen Entwicklung

Vorteile, Nachteile und praktische Beispiele

GRIN Verlag

Emanuel Ibing

Evolutionsstrategie

Inhaltsverzeichnis

Abbildungsverzeichnis

Anhangsverzeichnis

1.   Einleitung

In Zeiten stark sinkender Produktlebenszykluszeiten wird es immer entscheidender sich mittels optimierter Produkte am Markt zu behaupten. Dabei stellt die Bionik mittlerweile eine etablierte Innovationsmethode dar, die gerade in Deutschland eine Vielzahl an Produktoptimierungen und Neuentwicklungen hervorgebracht hat. Einen Mehrwert bietet die Bionik, zusätzlich zu den entwickelten Produkten und Technologien, durch eine erhöhte Umweltverträglichkeit, das Sichern von Wettbewerbsvorteilen sowie die Schaffung von Arbeitsplätzen.[1] Die in den 1960er Jahren entwickelte Evolutionsstrategie stellt dabei eine Möglichkeit dar, um seine bisherigen Produkte zu optimieren oder auch neue Produkte zu entwickeln.

Dieses Assignment soll einen Einblick in die Evolutionsstrategie ermöglichen. Dazu soll zunächst auf die Evolutionstheorie von Charles Robert DARWIN eingegangen werden. Da dieser aufgrund seiner Evolutionstheorie zu den bedeutendsten Naturwissenschaftlern zählt, werden – um die Tragweite seiner Theorie in den passenden Kontext setzen zu können – zunächst im zweiten Kapitel vordarwinistische Ansätze und Theorien betrachtet. Anschließend wird auf das Leben sowie die Forschung DARWINS eingegangen, welche die Grundlage seiner Theorie darstellt. Anschließend wird auf die eigentliche Theorie eingegangen, welche in fünf Teiltheorien aufgeteilt wird, um sämtliche Teilaspekte genau aufzuzeigen.

Im dritten Kapitel wird die technische Adaption von DARWINS Evolutionstheorie präsentiert. Hierbei wird nicht nur die Evolutionsstrategie, sondern generell die Evolutionären Algorithmen mit der zuvor ausgearbeiteten Evolutionsstrategie von DARWIN verglichen. Anschließend wird speziell auf die Evolutionsstrategie nach RECHENBERG eingegangen. Dabei wird eine einfache Form der Evolutionsstrategie beispielhaft aufgezeigt und mit dem konventionellen Verfahren der technischen Entwicklung verglichen. Zudem werden die Nachteile der Evolutionsstrategie sowie praktische Anwendungsbeispiele aufgezeigt.

Abschließend wird im letzten Kapitel ein Fazit gezogen sowie eine kritische Würdigung vorgenommen. Diese Arbeit hat dabei nicht den Anspruch die angesprochenen Thematiken vollständig abzubilden, sondern soll lediglich eine Einführung in die Thematik gewährleisten.

---

[1] Vgl. BIOKON - FORSCHUNGSGEMEINSCHAFT BIONIK-KOMPETENZNETZ E.V. (2016).

## 2.	Evolutionstheorie

## 2.1.	Vordarwinistische Ansätze und Theorien

Bereits der antike griechische Philosoph ANAXIMANDER (610–550 v. Chr.) glaubte bereits an eine Evolution der Natur. Er nahm an, dass die Menschen ursprünglich Fischen ähnlich waren, bevor sie als Männer und Frauen geboren wurden.[2] Allerdings vertraten gerade die Philosophen, welche den nachhaltigsten Einfluss auf die westliche Kultur hatten – nämlich PLATON (427–348 v. Chr.) und ARISTOTELES (384–322 v. Chr.) – andere Ansätze. PLATON glaubte an die Existenz zweier Welten, der Ideenwelt und der Sinneswelt. Die Ideenwelt ist unsichtbar, unwandelbar und beinhaltet die einzig wahre objektive Realität. Die Sinneswelt stellt hingegen die wahrgenommene Welt dar, welche durch die täuschenden menschlichen Sinne lediglich Abbildungen der objektiven Realität sein können.[3] Laut dieser **Ideenlehre** stellen die Arten bereits perfekte Formen dar, welche wir lediglich durch unsere Sinne als unvollkommen wahrnehmen. Eine Evolution wäre nach dieser Theorie nur nachteilig.[4] ARISTOTELES, der Schüler von PLATON, stellte diese Theorie infrage.[5] Er glaubte, dass sämtliche Lebewesen von einfachen bis zu komplexen Formen reichten und man sie daher auf einer Skala nach ihrer Komplexität ordnen könne. Bei diesem Ansatz hatte jede Art ihren festen Platz und evolvierte nicht.[6] Diese Theorie wurde später von den Römern als **scala naturae** – Stufenleiter der Natur – bezeichnet. Diese Sicht herrschte für über 2.000 Jahre vor und fand in der Schöpfungsgeschichte der jüdisch-christlichen Kultur Unterstützung.

Georges CUVIER (1769–1832) der wissenschaftliche Begründer der Paläontologie erkannte zu Beginn des 19. Jahrhunderts in Fossilien eine Aufzeichnung des Lebens. Er stellte fest, dass Fossilien umso weniger der heutigen Flora und Fauna gleichen, je älter sie sind.[7] Ebenso erkannte er, dass das Aussterben von Arten in der Geschichte ein regelmäßiges Ereignis war. Allerdings war er ein Gegner der gerade aufkommenden Evolutionsforschung, weswegen er in einer eigenen Theorie seine Feststellungen mit der *scala naturae* in Einklang brachte. Seiner Ansicht nach sind in der Erdgeschichte wiederholt große lokale Katastrophen eingetreten, welche den Großteil der dortigen Lebewesen vernichteten. Aus den verbliebenen Arten ist in den darauf folgen-

---

[2] Vgl. RIES (2005), S. 24.
[3] Vgl. STORCH et al. (2013), S. 4./ RIES (2005), S. 67f./ RIEDL (2003), S. 13f.
[4] Vgl. HÄBERLE/ WEHNER (2005), S. 2.
[5] Vgl. SCHURZ (2011), S. 7.
[6] Vgl. REECE et al. (2016), S. 601f./ STORCH et al. (2013), S. 5./ RIEDL (2003), S. 14f.
[7] Vgl. JUNKER (2004), S. 100.

den Phasen dann neues Leben entstanden. Diese Theorie ist heute als **Katastrophentheorie** bekannt.

1809 veröffentlichte Jean-Baptiste de LAMARCK (1744–1829) als erster Wissenschaftler überhaupt, mit seinem Werk *Philosophie zoologique* eine ausformulierte Evolutionstheorie. Er stützte diese auf Fossilienevidenzen wie beispielsweise Ähnlichkeitsreihen von fossilierten Muscheln, die in den gegenwärtigen Muscheln enden. LAMARCK lehrte, dass die Transformation der Lebewesen von zwei Kriterien abhängig sei. Zum einen besitzt die Natur einen intrinsischen Verbesserungsdrang, und zum anderen besitzen die Organismen einen ökologischen Anpassungsdrang, welcher von der Umgebung des jeweiligen Organismus abhängig ist.[8] Er nahm an, dass Anpassungen im Laufe einer Generation erworben und an die nächste weitergegeben werden können. Ein Beispiel ist die Giraffe, welche sich von den Blättern der Bäume ernährt. Um an die Nahrung zu gelangen, muss sie ihren Hals in die Höhe strecken, wodurch er länger wird. Diese Beanspruchung erzeugt eine Transformation, welche der nächsten Generation längere Hälse vererbt, um leichter an ihre Nahrung zu gelangen. Dieses Verhalten wird auch als **Lamarckismus** bezeichnet. *„Lamarcks Theorie von der Vererbung erworbener Eigenschaften wurde verworfen, als Wissenschaftler erkannten, dass Körperzellen keine Merkmale weitergeben können."*[9]

2.2.   Charles Robert Darwin
2.2.1.   Der Weg zur Theorie

Charles Robert DARWIN (1809–1882) wurde in dem Jahr geboren als LAMARCK seine Evolutionstheorie veröffentlichte. *„Sein Vater, Robert Waring Darwin, war ein wohlhabender Arzt, sein Großvater, der bedeutende Naturforscher Erasmus Darwin, hatte sich in seiner Schrift Zoonomia (1794–96) zu evolutionistischen Gedanken bekannt."*[10] Der junge Charles sollte dem Vorbild seines Vaters folgen und begann im Jahr 1825 – im Alter von gerade einmal 16 Jahren – mit dem Medizinstudium an der Universität Edinburgh. Mit Ausnahme der Chemie langweilten ihn dort allerdings sämtliche Vorlesungen,[11] weswegen er Edinburgh ohne Abschluss verließ. Sein Vater riet ihm anschließend zu einem Theologiestudium in Cambridge, welches er 1828 begann und

---

[8] Vgl. SCHURZ (2011), S. 22f.
[9] Vgl. CHAMARY (2016), S. 4.
[10] HOßFELD/ OLSSON (2014), S. 100.
[11] Vgl. WUKETITS (2005), S. 17.

1831 erfolgreich beendete. Zu der damaligen Zeit waren fast alle Naturwissenschaften eng mit der Welt der Theologie verflochten, weswegen er sich während seines Studiums ausführlich mit verschiedenen Naturerscheinungen, Pflanzen und Tieren beschäftigte.[12] John Stevens HENSLOW (1796–1861), sein Professor für Botanik in Cambridge und Mentor, riet ihm zu einer Forschungsreise unter dem Kommando von Kapitän Robert FITZROY (1805–1865). Die Besatzung des Schiffs sollte – um die Seekarten der englischen Admiralität zu aktualisieren – die Küsten von Südamerika vermessen.[13] DARWIN war begeistert von dieser Idee und trat 1831 in Plymouth die fünfjährige Weltreise an Bord der HMS Beagle (siehe Abb. 1) an. Bemerkenswert war, dass DARWIN vor seiner Reise noch fest an die Konstanz der Arten glaubte.[14]

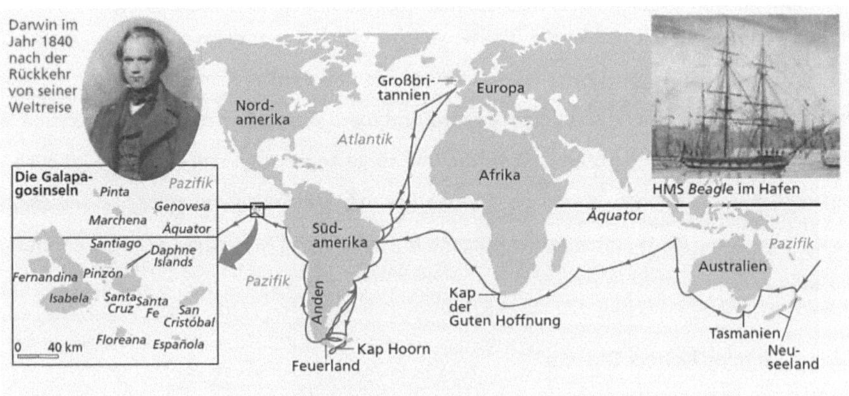

Abbildung 1: Die Weltumseglung der HMS Beagle (1831–1836)[15]

Auf seiner Reise beobachtete DARWIN die Anpassungen von Lebewesen in unterschiedlichen Lebensräumen, wie dem brasilianischen Dschungel, den Grasländern der argentinischen Pampas, auf Feuerland und in den Hochlagen der Anden. Er stellte fest, dass die Flora und Fauna der gemäßigten Regionen Südamerikas eher den südamerikanischen Tropen ähnelte als den europäischen mit identischen klimatischen Bedingungen. Zudem entdeckte er Fossilien, welche sich zwar deutlich von modernen Lebewesen unterschieden, aber den heutigen südamerikanischen

---

[12] Vgl. WUKETITS (2005), S. 18f.
[13] Vgl. HOßFELD/ OLSSON (2014), S. 101.
[14] Vgl. STOBER (2016).
[15] REECE et al. (2016), S. 604.

Lebensformen ähnelten.[16] Großen Einfluss auf den jungen DARWIN hatte der derzeit führende Geologe Charles LYELL (1797–1875), dessen Buch *Principles of Geology* er auf seiner Reise las. Seine Beobachtungen stimmten mit LYELLS Theorie überein, dass die Erde – entgegen der vorherrschenden kirchlichen Ansicht – wesentlich älter sei als einige Tausend Jahre.

Ein Schlüsselmoment der Reise war der Besuch auf den Galapagosinseln. Hier entdeckte DARWIN u. a. verschiedene finkenähnliche Vogelarten, von denen er annahm, dass sie trotz großer Ähnlichkeit unterschiedlichen Arten angehörten. Obwohl diese Vogelarten jenen auf dem südamerikanischen Festland ähnelten, kamen die meisten Arten jedoch nur hier und nirgendwo sonst vor. Daher nahm DARWIN an, dass eine Vogelart des Festlands die Galapagosinseln kolonisiert haben muss. Diese entwickelte sich dann in mehrere verschiedene Arten weiter und verteilten sich auf den Inseln.[17]

Die verbreitete Behauptung, dass DARWINS Vorstellung von der Existenz der Evolution während des kurzen Aufenthaltes auf den Galapagosinseln vom September bis zum Oktober 1835 entstand, ist allerdings falsch. DARWIN schenkte dieser Beobachtung tatsächlich zunächst nur wenig Beachtung. Erst Monate später erwähnte er in seinem Tagebuch, dass es lohnenswert sei, die Organismen genauer zu untersuchen.[18]

Das Ergebnis seiner Reise waren zoologische- (368 Seiten) und geologische Notizen (1.383 Seiten) sowie 1.529 in Spiritus konservierte Arten, 3.907 Häute, Felle, Knochen, Pflanzen etc.[19] dies stellte die Grundlage seiner heimischen Forschungen dar. In England festigte DARWIN – allmählich und unter stetiger kritischer Überprüfung der Tatsachen – seine Theorie. Er orientierte sich dabei u. a. an William PALEY[20] (1743–1805), Tierzüchtern und vor allem an Thomas Robert MALTHUS (1766-1834). Dieser inspirierte DARWIN mit seinem *Essay on the Principle of Population*.[21] Dort fand er das Konzept zum Kampf ums Dasein und somit auch das Selektionsprinzip. Er übernahm MALTHUS Gedanken, dass jede Art eine starke Tendenz zur Vermehrung besitzt, welche größer ist als die mögliche Vermehrung der Nahrungsmittel. Zusammen mit der Beobachtung, dass sich die Anzahl der Individuen einer Art auf lange Sicht meist nur wenig verändert, lässt sich aus diesen Beobachtungen schließen, dass es zwischen Mitgliedern derselben Art

---

[16] Vgl. REECE et al. (2016), S. 604ff.
[17] Vgl. REECE et al. (2016), S. 604ff.
[18] STORCH et al. (2013), S. 24f.
[19] Vgl. DESMOND/ MOORE (1994), S. 214ff.
[20] PALEY war ein Verfechter der natürlichen Theologie, DARWIN studierte seine Bücher u. a. während seines Theologiestudiums in Cambridge.
[21] Der deutsche Titel lautet *Das Bevölkerungsgesetz*.

zwangsläufig zu einem Kampf ums Dasein[22] kommt.[23] Die umfangreiche Empirie sowie die Angst vor der Brisanz – welche sein Werk zu der damaligen Zeit beinhaltete – führte dazu, dass DARWIN seine Theorie erst 23 Jahre nach seiner Weltreise mit der HMS Beagle veröffentlichte.

2.2.2. Die Theorie über die Entstehung der Arten

DARWIN stellte seine Evolutionstheorie im Jahr 1859 in dem Buch *On the Origin of Species by Means of Natural Selection or the Preservation of Favoured Races in the Struggle for Life*[24] vor. Dieses Werk war lediglich eine Kurzfassung seines *Big Species Book*. Dennoch gilt es auch heute noch als Meilenstein der Biologie und beinhaltet die folgenden fünf Teiltheorien:[25]

(1) Evolution: Die Theorie der Evolution der Arten besagt, dass Arten zeitlich veränderlich sind. Ähnlicher Ansicht war vor DARWIN auch schon LAMARCK. Die Entwicklung erfolgte jedoch nicht in Form gerader Linien, sondern in Form von sich verzweigenden Ästen (siehe Abb. 2).[26] DARWIN hatte genügend Daten gesammelt, um den Großteil seiner Fachkollegen direkt von dieser Theorie zu überzeugen.

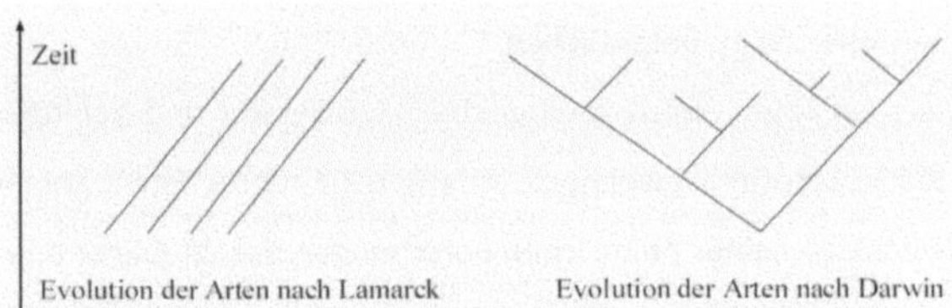

Abbildung 2: Vergleich der Evolutionstheorien von LAMARK und DARWIN[27]

(2) Abstammungslehre: Nach der Theorie der gemeinsamen Abstammung sind die Arten nicht nur zeitlich veränderlich, sondern besitzen einen gemeinsamen Ursprung. Alle Arten sind also durch Divergenz aus einem gemeinsamen Vorfahren entstanden (auch dies wird in Abb. 2 deutlich). Diese Theorie stellte eine radikale Abkehr der bisherigen Vorstellungen über eine un-

---

[22] Englisch: *Survival of the Fittest.*
[23] Vgl. HOßFELD/ OLSSON (2014), S. 102.
[24] In Deutschland wurde das Buch unter dem Titel *Über die Entstehung der Arten im Thier- und Pflanzen-Reich durch natürliche Züchtung, oder Erhaltung der vervollkommneten Rassen im Kampfe um's Daseyn* veröffentlicht.
[25] Wir folgen hier der Einteilung von: HOßFELD / OLSSON (2014), S. 91f./ STORCH et al. (2013), S. 29./ ZRZAVÝ et al. (2013), S. 11./ MAYR (2005), S. 113ff./ MAYR (2003)/ MAYR (1997), S. 233ff./ MAYR (1994)/ MAYR (1991), S. 35ff.
[26] Vgl. STORCH et al. (2013), S. 29./ ZRZAVÝ et al. (2013), S. 11.
[27] SCHURZ (2011), S. 26.

abhängige Entstehung einzelner Arten – sei sie nun natürlichen oder göttlichen Ursprungs – dar.[28]

(3) Gradualismus: Die Theorie des Gradualismus besagt, dass sich Arten nicht sprunghaft, sondern in kleinen Schritten verändern. DARWIN lehnte die alternative Möglichkeit, den sogenannten *Saltationismus,* explizit ab (siehe Abb. 3). Seiner Meinung nach war die Evolution ein stetiger Prozess und bestand nicht aus sprunghaften Transformationen. Der Gradualismus wurde lange Zeit infrage gestellt und wird teilweise auch heute noch kontrovers diskutiert.[29]

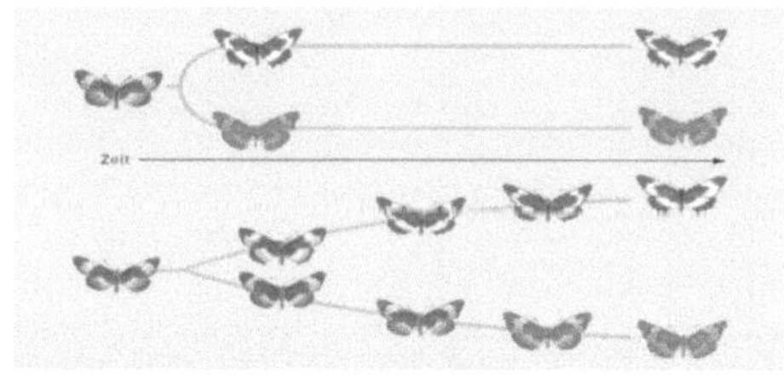

Abbildung 3: Saltationismus (oben) und Gradualismus(unten)[30]

(4) Aufspaltung der Arten: Die Theorie der fortschreitenden Divergenz der Arten beschreibt die Tatsache, dass sich im Laufe der Zeit die (phänotypischen) Änderungen kumulieren und sich die Arten mehr und mehr voneinander unterscheiden.[31] Ein Beispiel hierfür sind die o. g. verschiedenen Finkenarten, welche DARWIN auf den Galapagosinseln entdeckte.

(5) Selektionslehre: Das Kernstück bildet die Theorie der natürlichen Selektion, welche auch als *Evolutionsmechanismus* bezeichnet wird. Sie beruht auf der Konkurrenz zahlreicher Individuen um begrenzte Ressourcen.[32] DARWIN formulierte seine Argumente sorgfältig, um selbst skeptische Leser zu überzeugen. Zunächst nannte er bekannte Beispiele selektiver Züchtungen bei Pflanzen und Tieren (Domestikation). Hier haben die Menschen, Tiere und Pflanzen im Verlauf mehrerer Generationen modifiziert, indem sie die Individuen mit günstigeren Eigenschaften auswählten, weiter vermehrten oder sogar kreuzten. Dies bezeichnet man als **künstliche**

---

[28] Vgl. ZRZAVÝ et al. (2013), S. 11.
[29] Vgl. HOßFELD / OLSSON (2014), S. 92f.
[30] REECE et al. (2016), S. 666.
[31] Vgl. ZRZAVÝ et al. (2013), S. 11.
[32] Vgl. STORCH et al. (2013), S. 29.

Selektion.[33] Er argumentierte weiter, dass in der Natur ähnliche Prozesse ablaufen. Seine Argumentation für die **natürliche Selektion** zeigt die nachfolgende Darstellung:

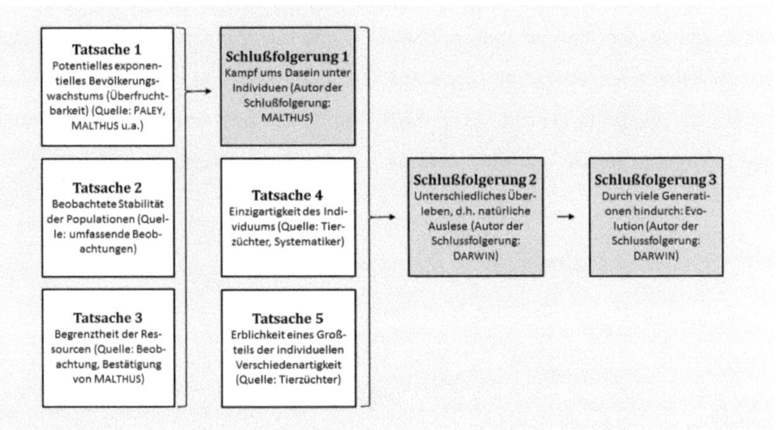

Abbildung 4: DARWINS Selektionstheorie[34]

Anfangs stieß die Selektionstheorie auf starke Kritik, da sie viel zu schwach sei, um einen wesentlichen Einfluss auf den Evolutionsprozess auszuüben. Erst hundert Jahre nach der Veröffentlichung wurde das Selektionsprinzip unter den meisten Wissenschaftlern akzeptiert.[35]

3. Evolutionsstrategie

3.1. Technische Adaption der Evolutionstheorie

„Bionik verbindet in interdisziplinärer Zusammenarbeit Biologie und Technik mit dem Ziel, durch Abstraktion, Übertragung und Anwendung von Erkenntnissen, die an biologischen Vorbildern gewonnen werden, technische Fragestellungen zu lösen."[36] In der Bionik werden also Phänomene der Natur – in unserem Fall die Evolutionstheorie – auf die Technik übertragen.

In den 1960er Jahren entwickelte Ingo RECHENBERG zusammen mit Hans-Paul SCHWEFEL und Peter BIENERT an der TU Berlin die Evolutionsstrategie,[37] indem sie den Evolutionsmechanismus auf die Technik übertrugen. RECHENBERG veröffentlichte die Theorie 1973. In den 1970er und

---

[33] Vgl. REECE et al. (2016), S. 606ff.

[34] Modifizierte Darstellung in Anlehnung an MAYR (1994), S. 110.

[35] Vgl. HOßFELD / OLSSON (2014), S. 93.

[36] VDI (2012), S. 9.

[37] Vgl. NACHTIGALL (2002), S. 361.

80er Jahren entwickelte SCHWEFEL diese Theorie weiter.[38] Zur selben Zeit, als die Evolutionsstrategie entwickelt wurde, beschäftigte sich John HOLLAND mit einer EDV-gestützten Simulation der biologischen Evolution und entwickelte somit sein Modell der *genetischen Algorithmen*. Beide Verfahren wurden völlig unabhängig voneinander unter verschiedenen Gesichtspunkten entwickelt.[39] RECHENBERG versuchte primär ingenieurstechnische Probleme mittels realzahl-codierten Parametersätzen zu lösen. HOLLAND hingegen interessierte sich für die grundsätzliche Struktur, mit der in der biologischen Evolution Informationen gespeichert und verarbeitet werden. Beide Verfahren können unter dem Oberbegriff *Evolutionäre Algorithmen* als Teildisziplin der Bionik verstanden werden.[40]

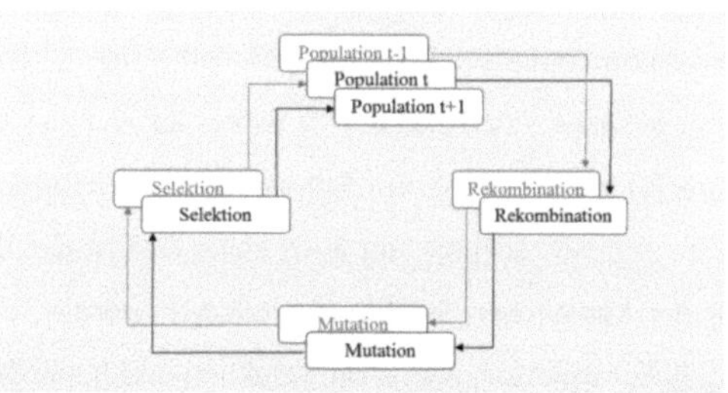

Abbildung 5: Iterationsschema bei Evolutionären Algorithmen[41]

Das Vorbild der *Evolutionären Algorithmen* ist die biologische Evolution.[42] Abbildung 5 stellt das generelle Iterationsschema *evolutionärer Algorithmen* dar. Hierbei wird eine mögliche Lösung des Optimierungsproblems als Individuum bezeichnet. Häufig werden pro Generation mehrere Individuen betrachtet, welche zusammen eine **Population** bilden. Um eine neue Population zu erzeugen, werden aus den Individuen der aktuellen Generation (Eltern) durch einen **Rekombinations-** sowie einen **Mutations**operator zunächst neue Individuen (Kinder) erzeugt. Der Schritt der Rekombination soll einzelne Bestandteile des Erbgutes zweier oder mehrerer Individuen nach bestimmten Verfahren austauschen. *„Die Rekombination spielt bei den genetischen Algorithmen die weitaus größere Rolle, bei den Evolutionsstrategien ist es die Mutati-*

---

[38] Vgl. GERDES/ KLAWONN/ KRUSE (2004), S. 115./ SCHWEFEL (1977)/ RECHENBERG (1973).
[39] Vgl. MÜLLER (2007).
[40] Vgl. SCHÄFER/ BRIEGERT/ MENZEL (2005), S. 136.
[41] ENGEL (2015), S. 98.
[42] Vgl. BÄCK/ SCHWEFEL (1993)/ BÄCK (1996).

on.[43] Zur besseren Veranschaulichung in Abschnitt 3.2. wird die Rekombination daher nicht berücksichtigt. Aus der Menge der Kinder werden nun die Individuen der neuen Generation gewählt (**Selektion**). Hierbei muss zunächst die Qualität bzw. die Fitness – welche ein Maß für das zugrunde liegende System ist – ermittelt werden. Dies stellt die Grundlage der Selektion dar.[44]

Vergleichen wir dieses Iterationsschema nun mit den – in Abschnitt 2.2.2. Genannten – fünf Teiltheorien von DARWIN: Die Evolution **(1)** stellt die Abänderung der Individuen dar, welche nach der Abstammungslehre **(2)** einen gemeinsamen Ursprung besitzen (hier Population t-1). Die allmähliche Mutation zeigt den Gradualismus **(3)**. Die Aufspaltung der Arten **(4)** wird in der grafischen Abbildung nicht deutlich, jedoch kumulieren sich dennoch die jeweiligen Mutationen bzw. Rekombinationen, da durch die Selektion nur jene Individuen übernommen werden, welche eine höhere Qualität besitzen – sich also immer weiter auf das Ziel *Problemlösung* zubewegen. Die Selektionslehre **(5)** gleicht in diesem Fall weniger der natürlichen Selektion, da hier keine natürliche Ressourcenbeschränkung und auch keine Gefahr der Überfruchtung besteht. Vielmehr kann sie mit der **künstlichen Selektion** verglichen werden, da der Mensch Einfluss nimmt auf die Qualität, Rekombination, Mutation, Selektion und Reproduktion.

3.2.   Evolutionsstrategie nach Rechenberg

RECHENBERG stellt zur Veranschaulichung verschiedene Ansätze zur Lösung eines Problems auf einem zweidimensionalen Feld dar. Als dritte Dimension berücksichtigt er dabei die Qualität Q des Ansatzes, wodurch das sog. *Lösungsgebirge* entsteht (siehe Abb. 6). Die Herausforderung besteht darin, eine dieser Lösungen zu ermitteln.[45] Die Optimallösungen stellen die Gipfel der Berge in unserem Beispiel dar. RECHENBERG stützt seine Theorie darauf, dass in der Natur eine starke Kausalität (kleine Änderungen führen zu kleinen Wirkungen) vorherrscht. *„Zum Glück ist starke Kausalität ein Normverhalten der Welt."*[46] Der kausale Zusammenhang in unserem Beispiel besteht darin, dass jede Qualitätserhöhung eine Annäherung zur Optimallösung darstellt. Die Richtung kann der Ingenieur anhand von Versuchen ermitteln, indem er die Parameter variiert und die Reaktion des Systems darauf auswertet. Um den Aspekt der Ungewissheit in das

---

[43] Vgl. SCHÄFER/ BRIEGERT/ MENZEL (2005), S. 137.
[44] Vgl. SCHÄFER/ BRIEGERT/ MENZEL (2005), S. 137.
[45] Vgl. RECHENBERG (2000b), S. 9.
[46] RECHENBERG (2000b), S. 3.

Beispiel mit einfließen zu lassen, wird das *Lösungsgebirge* nun vollständig geflutet. Man kann sich den Ingenieur nun in einem Boot auf dem Meer am Punkt P_0 vorstellen (siehe Abb. 6). Sein Ziel ist nun den höchsten Punkt des Meeresbodens P_1 zu ermitteln. Hierzu nutzt er drei Stangen, die er zum Ausloten der Meerestiefe nutzt.[47]

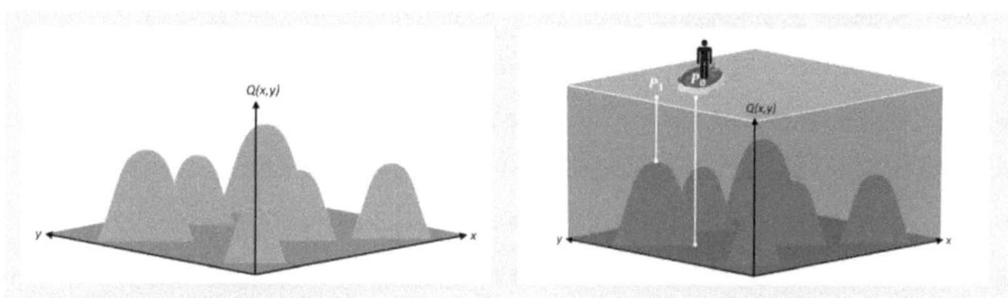

Abbildung 6: Lösungsgebirge (links) und Lösungsgebirge unter Unsicherheit (rechts)[48]

Der Ingenieur benötigt nun eine Strategie, um systematisch bei seiner Suche vorzugehen. Zunächst wählt er die **Gradientenstrategie**. Hier nutzt er die erste Stange an seiner Momentanposition P_0, danach bewegt er sich um eine Strecke in y-Richtung des Koordinatensystems. Diese Stelle nennt er P_y und positioniert eine weitere Stange. Anschließend rudert er in x-Richtung bis zu dem Punkt P_x, wo er eine weitere Stange positioniert. Dies entspricht jeweils einem Versuch mit einem variierten Parameter. Die zurückgelegte Strecke[49] δ darf dabei nur so groß gewählt werden, wie es die Linearität des Anstiegs erlaubt.[50] Nun ist es möglich, mittels Vektoranalysis den nächsten Lotpunkt P_n zu berechnen (siehe Abb. 7). Um die Effektivität dieses Verfahrens zu ermitteln, wird die Fortschrittsgeschwindigkeit φ genutzt, welche wie folgt definiert ist:[51]

$$\varphi = \frac{Weggewinn\ in\ Zielrichtung}{Anzahl\ der\ Lotungen \cdot (Dauer\ pro\ Lotung)} \left[\frac{m}{s}\right]$$

Um hier tatsächlich von einer Geschwindigkeit sprechen zu können, muss die Anzahl der Lotungen mit deren Dauer multipliziert werden, RECHENBERG verzichtet allerdings auf diesen Zwischenschritt. Bei unserem Beispiel bestehen die zwei Variablen x und y, weswegen dreimal gelotet werden muss. Bei n Variablen muss also $n+1$-mal gelotet werden. In unserem Beispiel gilt:

---

⁴⁷ HÄBERLE/ WEHNER (2005), S.11f.
⁴⁸ Eigene Darstellung.
⁴⁹ Dieser entspricht der *Mutationsschrittweise*, also der Veränderung gegenüber dem Elter.
⁵⁰ Vgl. HÄBERLE/ WEHNER (2005), S. 13f.
⁵¹ Vgl. RECHENBERG (2000b), S. 5.

$$\varphi^{(2)}_{gradient} = \frac{\sigma}{3} \left[\frac{m}{1}\right]$$

und allgemein gilt:

$$\varphi^{(n)}_{gradient} = \frac{\sigma}{(n+1)} \left[\frac{m}{1}\right]$$

RECHENBERG bezeichnet dieses Verfahren als *Gradientenoperator*, es stellt das konventionelle Verfahren dar, welches in der technischen Entwicklung angewendet wird.

Bei der (1+1)-**Evolutionsstrategie**[52] wird eine andere Vorgehensweise verfolgt. Der Ingenieur befindet sich erneut in seinem Boot, diesmal wird dieser Punkt als P_E bezeichnet, wo er wieder die Tiefe auslotet. Danach wählt eine zufällige Richtung aus und verfolgt diese um die Strecke δ. An diesem Punkt misst er erneut die Tiefe. Ist diese gleich oder höher als am Ausgangspunkt rudert er zurück und wiederholt den Prozess, indem er eine andere zufällige Richtung wählt. Ist diese jedoch niedriger, wird dies zum neuen Punkt P_E, wo er nun diesen Prozess wiederholt (siehe Abb. 7).[53]

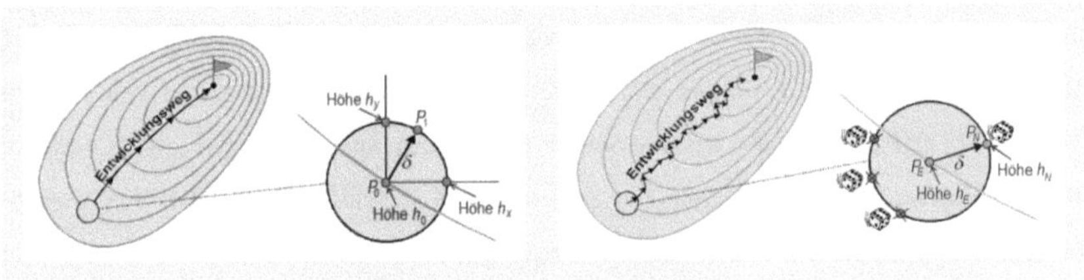

Abbildung 7: Gradientenstrategie (links) und Evolutionsstrategie (rechts)[54]

Um die beiden Strategien miteinander vergleichen zu können, muss auch hier die Fortschrittsgeschwindigkeit φ bestimmt werden. Unter der Bedingung $n>10$ ist sie wie folgt definiert:

$$\varphi^{(n)}_{evolution} = \frac{\delta}{\sqrt{2\pi n}} \left[\frac{m}{1}\right]$$

Dabei zeigt sich, dass die Gradientenstrategie 4,7% schneller ist als die Zufallslotung. Für große Variablenzahlen n dreht sich die Tendenz jedoch drastisch um. Für den Fall $n=100$ ist die Evolutionsstrategie bereits 4-mal, in dem Fall $n=1\,000$ sogar 12,6-mal so schnell.[55]

---

[52] Eine Übersicht über die verschiedenen Arten der Evolutionsstrategie befindet sich im Anhang.
[53] Vgl. RECHENBERG (2000b), S. 5.
[54] RECHENBERG (2000b), S. 4f.
[55] Vgl. RECHENBERG (2000b), S. 7.

„Mathematisch betrachtet lässt sich die evolutionäre Optimierung als ein adaptiver, stochastischer Suchprozess nach günstigen Lösungen eines gegebenen Problems auffassen und formulieren."[56] Die Kernoperatoren der Evolutionsstrategie bilden die Qualitätsfunktion, die Anzahl der Nachkommen sowie die Mutation. Die Gewichtung dieser Faktoren für die Fortschrittsgeschwindigkeit φ ist nach RECHENBERG wie folgt: *„Zu kleine Mutationsschritte bedeuten Stagnation und zu große Rückschritt."*[57] Diesen Spielraum bezeichnet RECHENBERG als *Evolutionsfenster*. Während die Qualitätsfunktion über den gesamten Versuch konstant bleibt, sollte die Mutationsschrittweite δ dies jedoch nicht tun, sondern sich der Situation anpassen. SCHWEFEL entwickelte daraufhin eine Erweiterung der Mutationsrate, welche eine automatische Schrittweitenanpassung beinhaltet.

Ein Prinzip der Evolution besteht darin, dass die Selektion keine Rückschritte in der Entwicklung, sprich keine Verschlechterung der Qualität bzw. Fitness, zulässt. Erreicht allerdings die Evolutionsstrategie ein lokales Maximum beim Aufstieg zu einem eigentlich höheren Optimierungsgipfel, so bleibt sie dort hängen. Dies kann zwar durch Variation der Schrittweite kompensiert werden, allerdings nur, sofern die Versuchsdauer dies erlaubt.[58] Zusätzlich beruht die Evolutionsstrategie auf der Annahme der starken Kausalität des Systems. Ist das System hingegen nur schwach kausal, würde die Strategie nicht funktionieren.

In der Praxis wird die Evolutionsstrategie verwendet um Produkteigenschaften zu optimieren, bzw. das Produkt an sich zu innovieren. In der Baubranche wurden hierdurch Fassaden mit möglichst geringem Strömungswiderstand entwickelt.[59] Ebenso konnte eine Fachwerkbrücke konstruiert werden, welche ein möglichst geringes Gewicht aufweist.[60] Des Weiteren konnte eine Fernsehverkabelung in Schilda ermittelt werden, welche 40%-weniger Kabel verbraucht als die konventionelle Verkabelung.[61] SCHWEFEL steigerte mit ihr den Wirkungsgrad einer Heißwasserdampfdrüse von 55 auf 80%.[62] Zudem kann sie auch zur Portfoliooptimierung als Managementmethode genutzt werden.[63]

---

[56] WREDE/ WREDE (2012), S. 506.
[57] KÖHLER (2012).
[58] Vgl. HÄBERLE/ WEHNER (2005), S. 17.
[59] Vgl. SCHÄFER/ BRIEGERT/ MENZEL (2005), S. 138ff.
[60] Vgl. RECHENBERG (2000a), S. 13f.
[61] Vgl. RECHENBERG (2000a), S. 12f.
[62] Vgl. RECHENBERG (2000a), S. 6f.
[63] Vgl. NACHTIGALL (2013), S. 244.

4.   Fazit und kritische Würdigung

In diesem Assignment sollte eine Einführung in das Thema Evolutionsstrategie gegeben werden. Dazu wurde im zweiten Kapitel festgestellt, dass vor DARWIN bereits die antiken griechischen Philosophen bereits erste Gedanken zur Evolution aufwiesen, sich diese jedoch nicht durchsetzten. Die nachhaltigste Theorie war die scala naturae, welche von ARISTOTELES aufgestellt wurde und über 2.000 Jahre – auch aufgrund der Übereinstimmung mit der Schöpfungstheorie der Kirche – vorherrschte. Durch das Auffinden von Fossilien wurde diese Theorie jedoch geschwächt. Nach der Katastrophentheorie folgte die erste ausformulierte Evolutionstheorie von LAMARCK, welche von DARWINS Theorie über die Entstehung der Arten abgelöst wurde.

DARWIN entdeckte auf seiner Weltumsegelung viele Fossilien und Lebewesen, gerade aber die einmalige Situation auf den Galapagos-Inseln sollte ihm im Nachhinein ein gutes Beispiel für die natürliche Evolution sein. DARWIN wusste sehr wohl um die Brisanz, welche seine Studien zu der damaligen Zeit beinhalteten, weswegen er diese über sehr viele Jahre ausarbeitete. Seine Theorie kann in fünf Teiltheorien zerlegt werden. Diese besagen, dass: (1) Arten veränderlich sind; (2) alle Arten einen gemeinsamen Ursprung besitzen; (3) sich diese Veränderung langsam und stetig vollziehen; (4) sich die Arten mit zunehmender Evolution immer mehr voneinander unterscheiden; (5) aufgrund von Ressourcenknappheit und Überfruchtbarkeit eine natürliche Selektion existiert. Es klingt dabei beinahe wie eine Farce, dass gerade DARWIN – der studierte Theologe – die damals vorherrschende göttliche Schöpfungstheorie entkräftete.

Der Evolutionsmechanismus wurde in der Bionik in der Teildisziplin der Evolutionären Algorithmen übernommen. Diese teilen sich auf in die von HOLLAND entwickelten generischen Algorithmen und die von RECHENBERG, SCHWEFEL und BIEGEL entwickelte Evolutionsstrategie. Generell können evolutionäre Algorithmen als mathematische Lösung eines Optimierungsproblems mittels stochastischen Suchprozessen verstanden werden. Die Evolutionsstrategie stellt dabei im Vergleich zu den generischen Algorithmen einen deutlich problemorientierten Ansatz dar, mit dem Ziel, mit möglichst wenig Aufwand eine möglichst gute Lösung zu ermitteln.

Um das Prinzip der Evolutionsstrategie deutlich zu machen, wurde hier eine einfache (1+1)-Evolutionsstrategie ausgewählt und mit der herkömmlichen Methode – der Gradientenstrategie – verglichen. Dabei stellte sich heraus, dass bei einer geringen Anzahl von Variablen die

Gradientenstrategie effektiver ist. Dieses ändert sich allerdings deutlich, je mehr Variablen berücksichtigt werden.

Ein Problem der Evolutionsstrategie ist die Mutationsschrittweite. Wird diese zu hoch oder zu niedrig gewählt bedeutet dies Stagnation oder sogar Rückschritt. SCHWEFEL entwickelte deshalb eine erweiterte Mutationsrate, welche die automatische Schrittweitenanpassung beinhaltet. Ein weiterer Kritikpunkt besteht darin, dass die Evolutionsstrategie an einem lokalen Maximum hängen bleibt, obwohl eventuell noch „höhere Berge" in unserem Lösungsgebirge erklommen werden könnten. Eine Variation der Mutationsschrittweite könnte dem zwar entgegenwirken, würde allerdings den Zeitaufwand erhöhen. Eine weitere Problematik besteht dann, wenn keine starke, sondern eine schwache Kausalität vorherrscht, hier stößt die Evolutionsstrategie an ihre Grenzen.

Trotz der genannten Probleme stellt die Evolutionsstrategie einen guten Ansatz dar, welcher unter den passenden Bedingungen zur effektiven Produktverbesserung genutzt werden kann. Zudem kann davon ausgegangen werden, dass eventuell bestehende Schwächen zukünftig ähnlich wie die Mutationsschrittweite optimiert werden, da aufgrund der in der Einleitung genannten kürzeren Produktlebenszyklen ein immer größer werdender Bedarf an Optimierungs- und Innovationsstrategien benötigt wird.

Literaturverzeichnis

BÄCK, T. (1996): Evolutionary Algorithms in Theory and Practice: Evolution Strategies, Evolutionary Programming, Genetic Algorithms, Oxford.

BÄCK, T.; SCHWEFEL, H.-P. (1993): An Overview of Evolutionary Algorithms for Parameter Optimization. In: Evolutionary Computation 1(1), S. 1-23.

BIOKON - Forschungsgemeinschaft Bionik-Kompetenznetz e.V. (2016): Faszination Bionik (http://www.biokon.de/bionik/was-ist-bioni k/, abgerufen am 15.12.2016).

CHAMARY, J.V. (2016): 50 Schlüsselideen Biologie, Berlin/ Heidelberg.

DARWIN, C. (1859): Die Entstehung der Arten durch Natürliche Zuchtwahl. Reclam, Stuttgart, 1963.

DESMOND, A.; MOORE, J. (1994): Darwin: The Life of a Tormented Evolutionist, New York.

ENGEL, K. (2015): Evolutionäre Segmentierung dreidimensionaler Formen unter Verwendung von Satelliten-Seeds. Dissertation. Technischen Universität Dortmund.

GERDES, I.; KLAWONN, F.; KRUSE, R. (2004): Evolutionäre Algorithmen: Genetische Algorithmen – Strategien und Optimierungsverfahren – Beispielanwendungen, Wiesbaden.

HÄBERLE, T.; WEHNER, M. (2005): Evolutionsstrategie, Furtwangen.

HOßFELD, U.; Olsson, L. (Hrsg.) (2014): Charles Darwin: Zur Evolution der Arten und zur Entwicklung der Erde, 2. Auflage, Berlin/ Heidelberg.

JUNKER, T. (2004): Geschichte der Biologie: die Wissenschaft vom Leben, München.

KÖHLER, B. (2012): Evolutionsstrategie im Detail (http://www.bertramkoehler.de/PR4.htm, abgerufen am 14.12.2016).

MAYR, E. (1991): One long Argument: Charles Darwin and the Genesis of Modern Evolutionary Thought, Cambridge.

MAYR, E. (1994): …und Darwin hatte doch recht: Charles Darwin, seine Lehre und die moderne Evolutionstheorie, München/ Zürich.

MAYR, E. (1997): Das ist Biologie, Heidelberg/ Berlin.

MAYR, E. (2003): Das ist Evolution, München.

MAYR, E. (2005): Konzepte der Biologie, Stuttgart.

MÜLLER, A. (2007): Genetische Algorithmen, (http://www.evocomp.de/themen/genetische _algorithmen/genalg.html, abgerufen am 12.12.2016).

NACHTIGALL, W. (2002): Bionik: Grundlagen und Beispiele für Ingenieure und Naturwissenschaftler, 2. Auflage, Berlin/ Heidelberg.

NACHTIGALL, W.; WISSER, A. (2013): Bionik in Beispielen: 250 illustrierte Ansätze, Berlin/ Heidelberg.

RECHENBERG, I. (1973): Evolutionsstrategie: Optimierung technischer Systeme nach Prinzipien der biologischen Evolution, Stuttgart.

RECHENBERG, I. (2000a): Biologische Evolution auf dem experimentellen Prüfstand, (http://www.bionik.tu-berlin.de/institut/skript /bibu2.pdf, abgerufen am 15.12.2016).

RECHENBERG, I. (2000b): Evolutionistische Bionik auf dem mathematischen Prüfstand, (http://www.bionik.tu-berlin.de/institut/skript /bibu3.pdf, abgerufen am 14.12.2016).

REECE, J.; URRY, L.; CAIN, M.; WASSERMAN, S.; MINORSKY, P.; JACKSON, R. (2016): Campbell Biologie, 10. Auflage, Hallbergmoos.

RIEDL, R. (2003): Riedls Kulturgeschichte der Evolutionstheorie: Die Helden, ihre Irrungen und Einsichten, Berlin/ Heidelberg.

RIES, W. (2005): Die Philosophie der Antike, Darmstadt.

SCHÄFER, S.; BRIEGERT, B.; MENZEL, S. (2005): Bionik im Bauwesen. In: ROSSMANN, T.; TROPEA, C. (2005): Bionik: Aktuelle Forschungsergebnisse in Natur-, Ingenieur- und

Geachteswissenschaft, Berlin/ Heidelberg/ New York.

SCHURZ, G. (2011): Evolution in Natur und Kultur: Eine Einführung in die verallgemeinerte Evolutionstheorie, Heidelberg.

SCHWEFEL, H.-P. (1977): Numerische Optimierung von Computer-Modellen mittels der Evolutionsstrategie, Basel.

STOBER, A. (2016): Forschung: Evolutionsforschung, (http://www.planet-wissen.de/natur/forschung/evolutionsforschung/index.html, abgerufen am 07.12.2016).

STORCH, V.; WELSCH, U.; WINK, M. (2013): Evolutionsbiologie, 3. Auflage, Berlin/ Heidelberg.

WUTEKIS, F.M. (2005): Darwin und der Darwinismus, München.

WREDE, P.; WREDE, S. (Hrsg.)(2012): Charles Darwin: Die Entstehung der Arten, Kommentierte und illustrierte Ausgabe, Weinheim.

VDI (2012): Bionikrahmenrichtlinie VDI 6220: Bionik: Konzeption und Strategie − Abgrenzung zwischen konventionellen und bionischen Verfahren/ Produkten, Düsseldorf.

ZRZAVÝ, J.; BURDA, H.; STORCH, D.; BEGALL, S.; MIHULKA, S. (2013): Evolution: Ein Lese-Lehrbuch, 2. Auflage, Berlin/ Heidelberg.

Anhang 1: Arten der Evolutionsstrategie[64]

(1+1)-Evolutionsstrategie: Jede Population besteht aus lediglich einem Individuum. Aus dem Elter wird ein neues mutiertes Individuum erzeugt. Unter Berücksichtigung der Qualitäts-, bzw. Fitnessfunktion wird die Qualität berechnet. Das Individuum mit der höchsten Qualität wird für die nächste Generation übernommen.

(μ+1)-Evolutionsstrategie: Jede Generation besteht aus μ Individuen. Durch Zufall wird ein Elter ausgewählt, welches ein mutiertes Kind-Individuum erzeugt, dessen Qualität berechnet wird. Das Individuum mit der geringsten Qualität wird aus der Population entfernt. Die verbleibenden Individuen bilden die Population der neuen Generation.

($\mu + \lambda$)-Evolutionsstrategie: Jede Generation besteht aus μ Individuen. Aus den μ Eltern werden λ Kinder erzeugt, mit $\lambda \geq \mu$. Die Qualität der Population wird berechnet und die μ Individuen mit der höchsten Qualität bilden die nächste Generation.

(μ, λ)-Evolutionsstrategie: Jede Generation besteht aus μ Individuen. Aus den μ Eltern werden λ Kinder erzeugt, mit $\lambda \geq \mu$. Die Eltern werden nicht weiter berücksichtigt. Die Qualität aller Kinder wird berechnet und die μ Individuen mit der höchsten Qualität bilden die nächste Generation. Bei dieser Methode wird kein Individuum in die nächste Generation übernommen.

(μ, λ)^g-Evolutionsstrategie: Hier besteht eine ähnliche Vorgehensweise wie bei der (μ, λ)-Evolutionsstrategie. Der Exponent g stellt hier die Anzahl der Generationswechsel dar.

(μ/r, λ)-Evolutionsstrategie: Auch hier besteht eine ähnliche Vorgehensweise wie bei der (μ, λ)-Evolutionsstrategie. Allerdings gibt jeder Elternteil nur *$1/r$* seiner Erbinformationen weiter. Um einen Nachkommen zu erzeugen müssen *r* Elter kombiniert werden. Dies ähnelt am meisten der sexuellen Fortpflanzung der biologischen Evolution.

(μ', λ')(μ, λ)γ-Evolutionsstrategie: Die *μ'* Elter werden λ' mal kopiert und die einzelnen Kopien werden für *γ* Generationen isoliert. In jeder der *γ* Generationen generiert jede isolierte Population λ Nachkommen. Die Qualität wird berechnet und die μ Individuen mit der höchsten Qualität werden in die nächste Generation übernommen. Nach den *γ* isolierten Generationen wird die beste der λ' Populationen ausgewählt und als nächste Elter-Population wieder λ' mal kopiert.

---

[64] Vgl. HÄBERLE/ WEHNER (2005), S. 16.